LOCUS

LOCUS

LOCUS

LOCUS

領導者。這個「者」是多數，各部門的主管都是領導者。

——施振榮

影響創新的9種因素

外在因素5種，內在因素4種

施振榮 著

蔡志忠 繪

總序

《領導者的眼界》系列，共十二本書。

針對知識經濟所形成的全球化時代，十二個課題而寫。

其中累積了宏碁集團上兆台幣的營運流程，以及孫子兵法的智慧。

十二本書可以分開來單獨閱讀，也可以合起來成一體系。

施振榮

　　這個系列叫做《領導者的眼界》，共十二本書，主要是談一個企業的領導者，或者有心要成為企業領導者的人，在知識經濟所形成的全球化時代，應該如何思維和行動的十二個主題。

　　這十二個主題，是公元二〇〇〇年我在母校交通大學EMBA十二堂課的授課架構改編而成，它彙集了我和宏碁集團二十四年來在全球市場的經營心得和策略運用的精華，富藏無數成功經驗和失敗教訓，書中每一句話所表達的思維和資訊，都是真槍實彈，繳足了學費之後的心血結晶，可說是累積了

台幣上兆元的寶貴營運經驗，以及花費上百億元，經歷多次失敗教訓的學習成果。

除了我在十二堂EMBA課程所整理的宏碁集團的經驗之外，《領導者的眼界》十二本書裡，還有另外一個珍貴的元素：孫子兵法。

我第一次讀孫子兵法在二十多年前，什麼機緣已經不記得了；後來有機會又偶爾瀏覽。說起來，我不算一個處處都以孫子兵法為師的人，但是回想起來，我的行事和管理風格和孫子兵法還是有一些相通之處。

其中最主要的，就是我做事情的時候，都是從比較長期的思考點、比較間接的思考點來出發。一般人可能沒這個耐心。他們碰到問題，容易從立即、直接的反

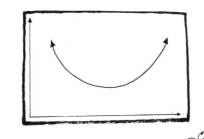

應來思考。立即、直接的反應，是人人都會的，長期、間接的反應，才是與眾不同之處，可以看出別人看不到的機會與問題。

和我共同創作《領導者的眼界》十二本書的人，是蔡志忠先生。蔡先生負責孫子兵法的詮釋。過去他所創作的漫畫版本孫子兵法，我個人就曾拜讀，受益良多。能和他共同創作《領導者的眼界》，覺得十分新鮮。

我認為知識和經驗是十分寶貴的。前人走過的錯誤，可以不必再犯；前人成功的案例，則可做為參考。年輕朋友如能耐心細讀，一方面可以掌握宏碁集團過去累積台幣上兆元的寶貴營運經驗，一方面可以體會流傳二千多年的孫子兵法的精華，如此做為個人生涯成長和事業發展的借鏡，相信必能受益無窮。

黑先

目錄

前言

- 創新的環境要去塑造，要去培養。
- 在整個組織創新能力的培育上，
  領導者絕對扮演很關鍵的一個角色。
- 整個創新環境的因素，又可分為外在的因素和內在的因素。

　　要經營一個成功的國際級企業，需要有創新的環境；而創新的環境要去塑造，要去培養。其實，不論任何一個單位，一個公司、一個組織、小至一個家庭，在整個組織創新能力的培育上，領導者絕對是扮演很關鍵的角色。

　　實質上，同樣是華人，在台灣，在新加坡，在美國，或者在中國大陸，因為環境不同，所以他的行為就有所不同。甚至同樣一個人，在不同的組織裏面，也會有不同的行為；比如說，長期在政府組織裡工作後，創新的文化可能就變的比較少。其原因可能是因為有很多的規定，或是有很多的責任問題，導致大家不敢創新；因為一創新，不小心出錯

就會使自己的生涯規劃，受到很大的影響。

　　同樣的，當一個單位的主管，或是一個組織的主導者，在開會時，他主持會議的模式，或是講話的方式，都會深深影響該組織創新的環境。

　　實質上，影響整個創新環境的因素，又可分為外在的因素和內在的因素。

影響創新環境的外在因素

- 市場規模
- 產業基礎架構
- 資本市場
- 智慧財產保護
- 社會文化

影響創新環境的外在因素有很多：從市場規模的大小，整個產業基礎架構的客觀環境，資本市場，智慧財產權保護的環境，以及整個社會的文化等等，實際上都影響了創新環境的建立。

當然，這裏面就會發現，美國、日本和我們，因為客觀的外界環境不一樣，所以，我們很難要求會有和美國、日本完全一樣的創新的環境。

每個人的條件不同
每個國家也具有不同
的創新環境......

影響創新環境的內在因素

- 企業文化
- 組織架構及激勵制度
- 學習文化與人力資源的開發
- 領導風格

影響創新環境的內在因素也很多：從一個組織的企業文化，也就是內部的環境開始，一直到組織的架構、組織裏面激勵創新的模式，還有組織對員工有沒有提供專業才能開發及生涯規劃，讓他有不斷學習的環境；當然，最重要的就是領導者的風格，這些都會影響創新環境的建立。以下，我們就逐一討論。

知識經濟

外在因素1: 市場規模

- 市場大，雖然承擔風險，但回收較大
- 市場大，比較容易複製成功的模式
- 激烈的競爭是不斷創新的動力
- 較能吸引全球人才
- 市場大，可以投入更多的資源

　　我認爲「市場是創新之母」。這話怎麼講？例如，藝術的創作本身是一種創意，也可當作是一種創新，在歐洲的文藝復興時期，或者我們故宮文物裏面，有很多的藝術創作，它們當時都是因爲有市場的需求才創作的。這些作品大都是帝王或貴族要的，帝王命令他做，不然殺頭，所以是市場逼著你要去創新。

　　當然，在現代的自由經濟體制下，市場就是很高的誘因及動機的來源。如果你成功地掌握了一個很重要的市場的話，實際上，就可以累積很多的好處。例如美國市場是全世界最大的，所以，她就累

積了很多來自全球的人和財，全球的人跟財都集中到美國，來尋求創新，希望達到回收最高的目的。

　　所以，我也一直在強調，上帝實在不公平，生在美國，和生在台灣的人，因為美國的市場比台灣大，所以我們先天上就比較吃虧。不過，希望有一天，大陸的市場可以趕上美國，到時候整個狀況可能就不一樣了。

我們是我們自己，而不是別人。
因此，創新應從了解自己的
能力和時空環境做起。

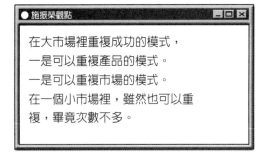

施振榮觀點

在大市場裡重複成功的模式，
一是可以重複產品的模式。
一是可以重複市場的模式。
在一個小市場裡，雖然也可以重
複，畢竟次數不多。

我認為市場是創新之母，因為有了大的市場，它可以承擔各種創新失敗的風險。因為，它只要成功了，回收是很大的；而且因為市場大，同樣的成功模式，可以不斷地重複。為什麼我特別強調在大市場裡重複？因為在小市場裡重複，意義不大。在大市場裡重複成功的模式，一是可以重複產品的模式，先做電視機，再做映像管等等。一是可以重複市場的模式，先做台北，再做台中、高雄。大陸的市場很大，不能看作一個市場，而要看作是很多個市場。一個都市一個都市地重複，就可以有許多次重複使用的機會。而在一個小市場裡，雖然也可以重複，畢竟次數不多。

我常常說，台灣的軟體產業是很不幸的，即使開發出一個成功的軟體，可以賣出的套數還是

非常有限的；但是，在美國可
以賣出的套數就可能是台灣的
一百倍，出入實在是太大了。
所以，創新一旦成功，就要在
同一市場中，不斷地重複；因
為，只要跨到另外一個市場，

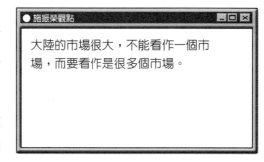

其需求可能是不一樣的，效益就會差很多。

在比較大的市場裡面，當然就會產生比較多的競爭，而競爭是刺激創新很關鍵的要素。我們舉一個與創新沒有直接關係的例子：為什麼美國的運動水準，不管高爾夫球、籃球等等都比其他國家進步？理由很簡單，就是因為她的市場不斷地競爭，所產生的一個結果。因為這樣，全世界最好的人才全都往那裏跑；而那個市場也因為可以容納更多的資源，就可以不斷地在做投資。所以，我們希望中國大陸將來可以成為華人創新的火車頭，這個不但是我們所期待的，也希望在可預見的未來就能夠形成。

當我們在談市場的時候，就會覺得台灣因為市場小，所以不具備承擔風險的條件。以創投為例，台

灣的創投公司不會投資很創新的東西，因為風險太大；但是，反過來，如果看現在美國在矽谷的創投公司，沒有人投資已經成形的產業，這是很大很大的一個差別；這個現象和市場規模的大小，有很密切的關聯性。

氣長而沒有生命力
的企業像「植物企業」一樣。

當然，美國企業的起伏，相對地也比較大；甚至於很成功的企業，不到三五年之後，可能也消失在起起伏伏的產業浪潮中。而在台灣的企業，當然因為競爭比較小，所以，氣也比較長。氣長當然有很大的好處，不過我們也有很多企業的氣長，有一點像植物人，他是耗了很多氣（資源），不過可能是沒有意義的存活在那邊；如果單從整個社會資源有效運用的角度來考量，這種『植物企業』也不是我們所希望的。

外在因素2:產業基礎架構

- 高度競爭會刺激創新
- 區域聚落會加快創新的速度
- 分工整合可讓創新更有焦點,並分散風險
- 更易形成臨界規模,使創新更容易

整個產業的基礎架構或者區域聚落,實際上和創新有絕對的關係。因為,同一產業如果非常的競爭,就會不斷地創新,以增加競爭力,大幅提高企業的生存機會。比如說,日本過去在消費性電子產品這個領域,是非常的競爭;實際上,日本企業在國內的競爭遠超過在國外的競爭,所以,他就不得不不斷地做很多的創新。

很多聚落的形成,像新竹科學園區、台灣北部都會區,或者美國加州的矽谷,都可能加速很多的創新。而更重要的是,當一個聚落形成以後,配合整個產業分工整合的架構,可以讓某些企業可以集中所有資源在某一部份的工作領域,因此他所要承

擔的風險，只是一部分而已，可以說是分散了風險。

　　一件大計劃的風險，可能會超過單獨一家企業可以承受的能力。但是，假設其中的分工，是在適當的應用和整合之下，就可以配合很多附近的服務；這些中心或衛星業者，上中下游一起配合，萬一方向不對了，大家溝通一下就把事情調整過來。如果有什麼損傷，一個人損失百分之百會吃不消，不過如果由十個人來分，各損失百分之十的話，就比較不會傷到企業的根基。所以，整個產業聚落的形成，帶來風險分擔的觀念，對於創新的激勵，扮演著很重要的角色。實際上，創投基金的來源，也是一個分散風險的觀念

　　另外一個重要的課題是，一個產業的基礎架構，一定要達到「臨界規模」，才能激勵創新。因為，一個創新的過程，有很多未確定的因素；當初期要推動市場的時候，如果你什麼都要自己做，而沒有很好的產業結構，還要到國際上去掌握的話；即使要形成最基本的臨界規模，都是需要比較大的

資源，也需要花比較長的時間。這個時候就很難承擔更多的嘗試，成功的機會相對會比較少。所以，當一個產業結構比較好的時候，它是可以很容易地形成一個臨界規模或經濟規模，有了這個規模，就可以像滾雪球一樣，一直發展下去。

實際上，台灣的資訊產業做的不只是資訊產品，就舉一個做樣品的例子來看：台灣的公司所做實體模型的樣本，不但成本低而且速度快，這對競爭力的提昇增加多少？當新產品不斷地推出的時候，這個競爭力值多少？開模子開得比較快，成本比較低，這個又值多少錢？對於一個事業的成敗，這個可能影響很大。

再講另外一個例子，比如說，今天要開拓一個市場，在美國大概要做一百萬美元的計劃，才會感覺到達到那個價值，美國的企業才認為值得去做；在美國，當然還好，因為她的市場大。但是，從我們台灣

企業的立場來看，一百萬美元？根本不可能嘛！然而，如果我們因為整個產業結構的特質，我們做五萬的計劃，就可以達到跟美國一樣的成本或經濟規模，這個事情就值得做了！因為，我們已經有可以嘗試的條件了：五萬我就做成了，價格也能競爭，我就可以在國際市場上去尋求機會。這個現象，實質上，在絕大多數台灣現在比較強勢的一些產品上，都有類似的特質在裏面。

過去，在垂直整合的時代，所謂完整的產業結構，是強調上下游完整，一般人企業做不到這些，因此是控制在少數公司手裡。

在分工整合的時代，做一件事情，需要各種有形、無形的供應商、市場來配合，因此不但要看價值鏈（Value Chain）、供應鏈（Supply Chain）是否完整，更要看是否具有有效性；不但要看有效性，

還要看是否關鍵。因此，現在的產業結構，只要掌握關鍵，只要能有效地供應，就可以說是完整。

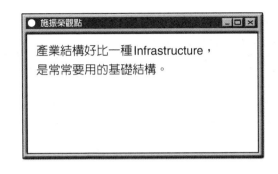

施振榮觀點

產業結構好比一種Infrastructure，是常常要用的基礎結構。

舉例來說，Intel的CPU雖然是PC的關鍵零件，但是它的體積小，運送方便，像台灣、香港，要貨的時候可以從美國空運送到。如此方便地配合，當地就算是沒有實際生產的廠商，還是掌握了關鍵與有效性。而台灣因為產業的規模發展比較大，Intel後來又願意在台灣當地就有一些庫存，這樣，台灣和香港比較起來，相對而言產業結構又比較完整一些。

至於像塑膠這種材料，我們沒有，但是因為可以庫存，所以我們可以一個月才向遠方的供應商訂一次貨，海運送到即可。由於塑膠材料在電腦裡不是關鍵的組件，所以並不影響我們產業結構的完整。

外在因素3:資本市場

- 創投公司鼓勵更多的創新
- 創投公司因為有投資風險，需要分散資金
- 創投基金與管理可培育新計劃，進一步成為成功的企業
- 公開上市（IPO）或合併購併（M&A）成為創新的激勵目標
- 利用資本市場衡量創新成果的回報

　　資本市場是激勵創新很重要的一個推動力。我們可以想一想，社會上為什麼不斷會有人創業，或成立新的公司？沒有任何人會毫無理由，或抄襲一個概念後隨便就出去創業。主要的原因往往是，這樣做比在原來的環境中做，可能得到更大的效果；也就是說，在原來的組織裏面，創新不受到重視，或是推不太動，或是有什麼好的創意，不讓公司知道，自己拿出來用（這個當然不能鼓勵）；但是，這種創新的意念就形成新的公司。

　　然後，管理創投基金的這些人，反正他有錢，而且錢都是從有錢的人來的，所以，他專門投資一

些有風險的但潛在報酬率高的創意；因此，我們台灣稱其為「創投基金」，在美國則是叫做「風險基金」。

創投除了具備風險分攤的觀念外，創投公司的管理經驗本身可以重覆地、不斷地運用，對創新價值的實現，也是很關鍵的要素。因為隨便一家創投管理公司，都是管幾十家小的公司，大的創投管理公司則是管幾百家公司；所以，他們在一個無中生有的過程裏面，實際上是介入了很多，而且

在每一個案子都可以適當地提供很多的服務，所以，他們成功的機會是比較多的。

當然，創投公司對其投資個案第一件要問的事

情就是：我進去之後要怎麼出來？因為，我這個錢不只是幫你忙，你成功了以後，我要把這個錢抽回來，再幫更多人、更多的新案子。這是創投的基本概念。所以，她一定要有資金出脫的一個策略，包含通過公開上市（IPO）或者被併購的可能性。

我可以這樣講：台灣的高科技產業之所以有今天，1980 年代後期，也就是差不多 1988 年以後，整個台灣股市的發展，實際上扮演著根本的一個角色。甚至於我們還可以說，資本市場和高科技發展這兩件事是同時發生，但又是獨立的；因為，資本市場並不侷限在高科技。我個人認為，這兩件事情的同時發生，是使台灣避免了亞洲經濟危機的要素；理由就是，台灣產業的競爭力比較高，附加價值比較高，及自有資金比例比較高。

相對的，東南亞及日本、韓國等國家，他們企

業的自有資金比例都是偏低的。如果以數字來談的話，台灣企業現在自有資金比率平均為百分之五、六十的，比比皆是或者更高；但是在韓國、日本、東南亞國家的企業，自有資金比率為百分之二、三十的，甚至於十幾的都是很普遍的。在這種情況之下，當然就沒有辦法面對因整個外界客觀環境的恐慌所產生的金融危機的影響。

　　早期在傳統產業裡，台灣企業的自有資金比率，也很低；原因在於：過去的致富之道，很多都是借錢賺錢。這個現象之形成，是因為他們認為生意好做，所以最好是自己借了錢來賺。更等而下之的，還有一小部份人根本就覺得借錢做生意，倒也是倒別人的。如此自有資金的比率就偏低。

　　另外，大家的財務概念不夠透明也是原因，因此有一個說法是：上市之前，老闆的持股比例是百分之五十，上市之後，老闆的持股比例反而變成百分之七十，因為他要自己護盤。總之，就是要借錢，一借錢，自有資金的比例就降低了。台灣有一些登上富豪排行榜的企業家，他們的個人資產都是看總資產而不

早期在傳統產業裡，台灣企業的致富之道，很多都是借錢賺錢。這個現象之形成，是因為他們認為生意好做，所以最好是自己借了錢來賺。

高科技的風險比較高，所以大家會覺得最好還是自己腳踏實地的做比較好。

是淨資產，而且還是以股票的市值來看總資產，這也可以說是一種不透明。

台灣過去造成這些現象的，還有一個原因是：銀行體系的影響。由於銀行要求負責人和經營者背書保證，所以他們自然會有一種心理，就是這些錢既然都是我背書貸款而來，我要設法控制這個公司，利用這個公司做些自己的事情也是理所當然的。

近年來的高科技、新興企業則不然。高科技的風險比較高，所以大家會覺得最好還是自己腳踏實地地做比較好。由於規模大，風險高，沒法由少數人承擔，所以大家都不願意向銀行背書保證。既然如此，老闆也就不要控制這個公司，不想利用這個公司另外做些什麼。也因此，台灣企

業的平均自有資金乃提高到五〇％～六〇％。

外在因素4: 智慧財與社會文化

- 鼓勵及保護智慧財產權
- 創業精神
- 決策透明化、財務會計透明化
- 所有權與控制
- 教育

社會文化的問題是比較無形的。因為創新的結果，常常都是屬於智慧財產權；所以，整個社會文化對於像智慧財產權這類無形的東西，到底有沒有認同它的價值，有沒有加以保護，也是產業是否能夠創新的重要關鍵。

此外，整個社會環境是不是鼓勵創業精神，也是很重要的指標。當創業蔚為風潮時，人與人相見就會繞著創業這個話題，如果你還沒有創業，被人問起，那就很累了！至少跟人家湊在一起，也在創業中總是好的。也就是說，這樣的社會環境，會產生一種很重要的、創新的趨勢。

談到創新，就會有很多的風險，所以需要有很多的共識及溝通。而在做決策的時候，有沒有充分地溝通，往往會對創新產生很大的影響；這種充分溝通的文化，通常是整個社會文化裏面很重要的一環。

　　創新雖然是由某一個人開始，但是在做決定的時候，是不是說我做了就做了？真正要推動一個計劃，因為太新了、不成熟，所以，有很多的決策，實際上隨時都可能會再做調整；如果，你在這個過程裡面，都沒有經過一個透明的溝通模式，是很難說服別人跟你一起承擔風險的。

早期我在經營宏碁的時候，當我自己在面試每一個新進同仁時，我都會和他們談風險；因為我走的是創新的路子，一不小心，可能會「死」的很快。這個過程不講清楚的話，同仁就不敢創新，因為看不懂公司在幹什麼。看不懂怎麼創新？！為什麼不懂就無法創新？因為創新並不是異想天開的，創新是突破的東西；創新之前必須先掌握很大的知識基礎和經驗，已經了解很多基本的知識後，才會曉得哪幾個創新機會才是有創造價值的。當你已經相當的掌握經驗以後，就會有所突破來尋求創新。

　　反過來說，如果社會文化鼓勵對於一件事情的控制權，常認為這個是我的，一切都要控制的話，那就很難激勵創新。這個也是為什麼傳統的、家族式的、或者由上而下的組織，實際上是很難有所創新的。

　　有關於教育的客觀環境方面，我認為教育應該要從寬解釋，不是祇有學校的教育而已；甚至於我個人認為，學校是最不重要的教育環境。因為以前的學校教育，總是讓學生習慣於填鴨式的方法，學

學基礎的知識而已。其實，就算是填鴨式的教育，
你一出社會，就已經不再繼續影響你，也不會繼續
扼殺你創新的動機，除非你離開學校以後，組織、
社會、家庭全部都是變成不讓你思考，不讓你有一
點新的想法。所以，我覺得反而是組織、整個社會
客觀環境的教育更爲重要。

內在因素1: 企業文化

- 授權、自立
- 容忍失敗
- 企業民主
- 不鼓勵「人有我有」的做法

影響創新的內在因素，最關鍵的當然就是企業內部的企業文化：企業是否授權，讓員工能夠獨立做決策，甚至也可以容許一些錯誤，在宏碁內部，我們稱之爲「爲員工繳學費」。這種企業的民主，在企業內部的運作，是無所不在的。

隨便舉一個開會爲例，會議的過程中，大家是不是可以集思廣益？可能是驗證的一個有效的指標。集思廣益，講的很漂亮對不對，誰都可以掛在嘴巴；但是，到底一個企業、組織，有沒有真正經過很多的會議，得到一個更精煉的結論呢？這個結論不但是創新，而且是有激勵性的，它不一定是老闆原來的構想，當然也有可能是老闆原來的方向。

這是我剛研發出來，
具有獨立思考能力的電腦......

我來展示給各位
瞧瞧它的自主思維能力。

咦？怎麼不運作呢？

抱歉！我正關閉
作深層思維，
請勿打擾。

如何透過一些人的開會，一套腦力激盪模式，以一個民主的方式，讓這個創新計劃，或者一個事件的推動，達到真正集思廣益的效果，讓這樣真正的民主有效的落實，對創新的激勵是很重要。

很多企業，開會只是附合老闆的想法，真正有建設性的意見有多少？在我們的社會環境中，除了像政治上為了反對而反對的以外，可能大多數人都習慣於講老闆喜歡聽的話。你要支持老闆，就只講他喜歡聽的話，這樣對嗎？支持老闆還是要講真話！我因為職位的不同，看的、接觸的環境不同，所以我所了解跟老闆所了解的可能不同，因而可能會有不同的想法。

老闆能不能接受這些不同的想法呢？這就是領導。領導者在大家都講同樣的話的時候，就顯露出生氣的樣子，說「你們在搞什麼，鄉愿！」有沒有這樣一個老闆？我們不鼓勵附和老闆意見的人，對於能夠講出一些新的見解的人，則要不斷地給他鼓勵。當然，這裏也會牽扯到紀律跟創新衝突的問題。不過，就像前面所提的，創新要有基本的知識，實際上，創新也同樣地需要在一個紀律的基本原則之下做創新，否則等於就是做做不負責任的夢而已。當然，領導者也要避免有人拿紀律當藉口，因而抹煞了一些創新。

談到紀律，聯網組織協定是我們的紀律，品牌、企業價值觀、誠信，都是我們的紀律。而創新可以分兩種：技術創新和管理創新。技術創新要有的紀律，一是要符合一定標準的品質，一是不能侵害智慧財產權。管理創新要有的紀律，則是誠信，以及第六倫，也就是對陌生人的保障。

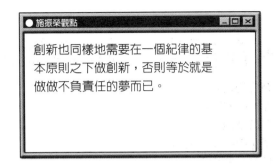

● 施振榮觀點

創新也同樣地需要在一個紀律的基本原則之下做創新，否則等於就是做做不負責任的夢而已。

內在因素2: 組織架構及激勵制度

- 網路型組織
- 虛擬夢幻團隊
- 學習型組織
- 領導者的領導風格
- 員工入股與激勵

組織、人力開發都是影響創新因素中，很重要的內在問題。比起傳統由上而下的組織型態，我認為網路型的組織是比較有效的組織。所謂網路型的組織，它所表達的不是「官大學問大」的組織架構；它是一個網路，所以，對每一件事情都會眞正地集思廣益，甚至於，網路中的成員同時會對一個創新，做更廣泛的衍生和貢獻。所以，網路型的組織，是比較容易鼓勵創新的。

虛擬團隊（Virtual Team）也可以達到創新的效果；因爲要創新，要確認這個創新是可行的，所以所有和這個創新項目有關的人，隨時湊起來成立一個虛擬團隊；大家可以異想天開，腦力激盪。當然

這個異想天開是根植在很了解的知識之下所產生的。由於虛擬團隊中的成員，可能來自於不同背景的單位，所以在腦力激盪下，往往可以迸出更多的創意火花。

e-book
e-read
e-life

　　學習型的組織可以透過不斷累積的知識及經驗，成立創意資料庫及整理出激勵創意的流程與方法，讓所有的成員都隨時隨地處於創意的環境，把創意當作是工作，甚至是生活的一部份。

公司內部各個部門的主管都是領導者，組織當然要訓練他們的領導技能；但是，反過來說，部門主管的領導風格也決定了組織的創新文化。

　　當然，對員工而言，創新完成以後，他是不是與有榮焉？有沒有另外的一些誘因？這些都是跟組織的系統有關。

宏碁在九〇年代初期有一個「群龍計劃」，訓練 100 個未來總經理；後來，在 1997 年，又再推動另一個「群龍計劃」，預定培養 200 個總經理。那個時候，實際上我所負責的九個小時的課，全部都是在談有關於願景、理念、領導風格、企業文化等我認為很重要的東西。

根據我這樣一個思考模式，實質上，宏碁集團應該在台灣擁有最多的人才；因為，在宏碁內部整個開放的環境裏面，隨處都可以學習。所以，我們就算不是擁有最多人才，應該也是訓練最多人才的公司。如果看看台灣的資訊產業界，從宏碁出來的人，應該都是視界比較廣的，而且做的是比較實在的一群，這個是跟組織的企業文化有關的。

內在因素3: 學習文化與人力資源的開發

- 管理創新多於科技創新
- 鼓勵及邀請員工入股
- 分散式管理，鼓勵創新
- 主從架構的組織
- 網際網路型組織
- 內部創業系統

　　有關宏碁的創新，第一點是管理創新多於科技創新。因為客觀環境上，我們處於台灣，先天上技術基礎就比較弱；如果比起美國矽谷，我們在技術創新的空間是比較有限的。但是，反過來說，華人在矽谷雖然有機會做技術的創新，但是卻沒有機會做管理的創新；而技術的創新是全球性的，因為一個創新的技術，就可以推廣到全球各地，所以，技術可以天下一大抄，而且鼓勵你抄。為什麼？為了人類的進步。雖然智慧財產權有一些適當的保護，但是專利權是有一個期限，就是過了某一段時間之後，該項專利技術就變成是世界共同的財產；所

以，很多技術是屬於天下一大抄的。

　　另一方面，不侵犯到著作權比較容易，不侵犯專利卻是很難。解決之道有二：一，付費使用；二，不斷開發自己的專利，以便未來競爭者不小心使用到你的專利時，也可以和對方談判互換使用。IBM是擁有專利最多的企業，但是像宏碁和IBM之間對沖專利之使用，每年也可以幫我們省下幾百萬美元。

　　就台灣的客觀環境而言，我們受限於整體環境、市場規模、投資等等的問題，要創造尖端的技術有實際上的困難。二十年來我一直在想，技術的創新我當然盡力而為，絕不放棄；不過，我為了要有效的經營，利用有限的能力、資源，要做得更好的話，可能透過管理的創新來思考，它的回收會更大。

　　管理在每一個地方、每一個企業都可以有自己的一套創新的模式，它不是放諸四海皆準的，也沒有辦法世界通用的。我不認為管理可以一體適用，否則，管理學博士一定賺最多錢。實際上，每一個

個案，每一個狀況，適合的管理方法完全是不一樣的。這個說明了，在管理的領域中，擁有無限的創新空間。

技術創新，是一個往上提升的努力。管理創新，絕大多數則是一個降低成本、降低風險的努力。不過，管理的創新，應該也有另一面，就是從組織的創新，回頭使人力資源更進一步有效發揮，進而創造價值。要點，還是在於不斷提高競爭力；不只是單純的降低成本，還要提高創造的價值。

創新是贏得
競爭的關鍵

←———— 借自老祖宗的寶物

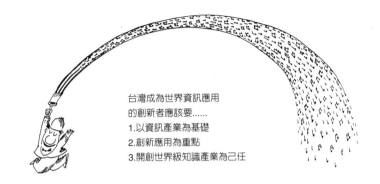

台灣成為世界資訊應用
的創新者應該要......
1.以資訊產業為基礎
2.創新應用為重點
3.開創世界級知識產業為己任

e時代裡的生活e化

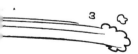

宏碁早期因為沒有資源，所以，我們採取一個「人財兩得」的計劃：讓全體員工入股。當然，現在這個方法已經被大多數的公司所採用，但是在1980年的時候，這卻是一個創新的管理模式。今天雖然「員工入股」變得沒有什麼特色了，不過，也由此可見，這個創新是有絕對的價值的，因為已被多數人重複應用。當然，我們還會有新的創新的模式出現。

在二十幾年前，當宏碁的規模還很小，沒有受到大家重視的的時候，我就相信而且不斷的強調「分散式管理」（Decentralized Management），並把它當成公司的一個特色。但是，如何才能夠做好分散式管理呢？

我們知道，在資訊產業中，如果你沒有創新的精神，公司的發展是會有問題的。為了培養創新的精神，如何鼓勵每一個人儘量地能夠替公司做決策，是成敗的關鍵；在決策過程中，公司當然要替他繳學費。宏碁的創新，是用自己組織，花很多精力、很多錢來做實驗，所得出來的成果；而且，我們希望精益求精，希望把它變成一個常態的過程，在這個過程裏面做得更好。

多年前，宏碁所提出來「主從架構組織」的管理創新模式，從台灣、亞洲開始，成為一個世界主流。很重要的就是，這個創新是因為我們客觀的環境：因為我們的市場並不是那麼大，我們又有「寧為雞首」的本性等等，所以，不得不發展這樣一個主從架構的管理模式。

現在，我們又面對了分工整合，甚至於超分工整合的客觀環境，需要有一個有效的組織，來面對整個客觀環境的需要；所以，我現在已經開始在發展「聯網組織」（Internet Organization）。實際上，網際網路沒有什麼了不起，它可以說是主從架構的新版本。只是說，在全世界的企業中，可能宏碁集團相對的是比別人早進入了主從架構的組織模式，所以，我們當然要往前再開創二十一世紀組織的主流──「聯網組織」。

　　有關於內部的創業系統，當然在美國可能十幾年前就開始流行，這個說起來很重要，但實質上實施起來並不是那麼容易。因為，原來在一個組織裏面有那麼多的經營壓力，外面的競爭又那麼激烈，一些業務項目又要不斷地往前推動，是不容許你分心的；在這種情況之下，你又要抽出一堆關鍵的人出去再創業，不是那麼容易。

　　不過，反正兩邊都是兩難：走是很累，不走也是「死」，所以，這個問題的困擾很大。因為，你是迫使一些菁英出去做內部創業，馬上就會對現在的營運產生衝擊，甚至產生一些損失；這些都是有

賴部門的領導者，隨時、有效地來掌握。實際上，
狀況也不是這麼簡單而已，如果領導者不願意讓他
的人在內部創業，這樣一個菁英可能會離開原來工
作，到外部去創業，使原來的營運受到更大的影
響；所以，你還是得面對這個問題。

內在因素4: 領導風格

● 創新始於創意思考
● 逆向思考是創意的起源
● 由有經驗的會議主持人主持腦力激盪
● 領導者容忍瘋狂的點子
● 企業真正民主的文化，有益於創意

因為創新是先從創意開始，所以，如何能夠比較有效地刺激創意，也是創新的關鍵要素。我認為「反向思考」是全方位的思考的一個開始。因為距離現在方向，思考方向最不一樣的，就是先從一百八十度去想：今天這樣做，明天把它相反做看看。不過，你不必做，先想，從一百八十度的角度想；反正，想又不要花錢，因為還沒有做什麼。從一百八十度往後想，看看有沒有解答？找不到，那再往中間調，一百三十五度、一百度慢慢去找到答案，調到四十五度可能就會找到答案。

不過，對不起，當你的腦筋裏面是正向的思考

的話，你就是停留在零度的範圍裏面打鑽，不管你調五度、十度，保証找不到答案。如果能夠找得到答案，那這個問題早就解決了，爲什麼還拖那麼久呢？這個就是爲什麼，大家一窩蜂做同樣的事情，做不出所以然來的原因，因爲那裏有一個死胡同。所以，我是覺得「反向思考」，從相反的方向開始想起，眞的是一個值得大家嘗試的方法。

　　腦力激盪的會議，當然要有一個有經驗的人來主持，這是很重要的。當然，平常很多的會議主持人就是一個有經驗的人，主席是官大學問大，常常有主導權及否決權；結果，主席常常是謀殺這個腦力激盪的元兇。所以，會議主席在主持會議時要注意，對於有經驗的發言要鼓勵，面對經驗不足、隨便亂講的發言也不能打壓；因爲，這個也是你的機會，能夠了解爲什麼他會這樣想？爲什麼他的想法差了那麼多？抓來跟他做一次完整的溝通。不過，在你要和他溝通之前，可能要先確定一下：他講的是瘋狂的點子？還是也有道理的？如果你願意這樣

的話更好，因為，你要說服他，說不定反過來他可以說服你。如果能夠被別人說服？就等於我又吸收一些新的東西！注意了，我被別人說服是一件好事，因為以前我不了解，現在別人說服我了，所以我就了解了。所以，我們應該養成一個觀念：我說服別人是賣學問，賣學問不值錢，學學問是比較值錢，也是對自己比較有利的。

如果主管實在改變不了主持會議的風格，那就不要讓他有否決權，或者是不要當主持人。要否決，得靠大家否決。

有人會說：主管有時會看到一些別人看不到的角度，所以他才會否決一些不成熟的想法。但我認為：腦力激盪，本來就是要把各種不同角度的思考與觀察共聚一堂。主管有其部屬思慮不及之處，部屬也有主管看不到的角度。腦力激盪，就是把各方不同的角度先匯聚成十個，再砍掉五個，再過濾成三個的過程。因此，不必一開始就先否決別人的想法。

我認爲真正民主的企業文化，是激勵創新一個非常客觀的環境。企業要真正民主，一個領導者就要先解放自己，不但他的思考能夠民主，自我解放，同時也讓大家知道我也可以解放，讓大家有民主的觀念；也就是說，主管也可以有很另類的思考模式，也可以否決自己，這樣才可以容許別人做同樣的事情，甚至於鼓勵部屬做同樣的事情。

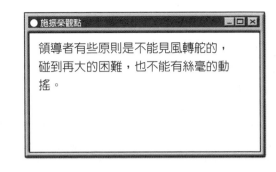

●施振榮觀點

領導者有些原則是不能見風轉舵的，碰到再大的困難，也不能有絲毫的動搖。

當然，一個領導者也不能說完全沒有基本的原則；有些事情是不能見風轉舵的，有一些最基本的理念、想法，是不變的。比如說，做生意一定是以別人的利益爲出發點，這是絕對不變的，所有與生意有關的事情都要以這個標準來檢視。如果，要創造的技術或者產品，都只從自己的角度思考的話，那麼，我認爲無論怎麼腦力激盪，都還是行不通的。

總結

- 社會教育比學校教育對創新有更大的影響
- 北美市場是科技與創新的根據地
- 大陸潛在市場將有助台灣成為全球價值創新的領導者
- 台灣的創投與資本市場使台灣免受亞洲經濟危機的重大衝擊
- 在分工整合的產業趨勢中，台灣中小企業的文化對創新價值較為有利
- 亞洲價值對創新不利
- 亞洲需要培育軟性、創新的文化

　　就如同前面所提，我認為社會的教育比學校的教育，對於創新的影響更大。而北美地區因為擁有龐大的市場，所以她是使得技術不斷創新的一個基礎。我絕對不會同意，我想大家也不會同意：只有兩百年歷史的國家，她會比人家更創新？應當不會。而且，她的成員也是從歐洲、從世界各地來的；所以，北美地區不斷創新的真正的動力，不是在人，而是那個市場，那個環境。

　　面對中國大陸未來的市場，如何讓台灣成為全球創新價值的一個領導者，這是我們的機會，也是

我們的挑戰，我們應該有強烈而且絕對的企圖心。當有一天，我們的市場夠大，這並不代表我們所創新的東西，只給落後的地區使用；當我們有重覆不斷地創新的機會，逐漸地養成那種能力的時候，我們所創造出來的產品，很有機會也會是世界最領先，連老美也會接受的。

創投和資本市場是使台灣免於亞洲經濟危機的主要原因之一。實際上，亞洲經濟危機的來源之一，就是所謂的「亞洲價值」（Asia Value）。亞洲的價值觀當然來自於家族、家庭：傳統亞洲的家族企業常會認為說，這個公司是我的公司，這是一個很強烈的亞洲價值觀。美國的企業家就不一樣，今天我創立了一個 A 公司，明天可能就賣掉，反正有錢賺就好了，公司也不是只屬於我個人的。

如果把家族企業這個價值觀，再往前推一步：當公司的經營資訊不夠透明，稽核制度沒有紀律時候，他就會把公司的錢跟自己的錢混在一起了。

這個現象不是在台灣，台
灣的企業現在已經改善很多
了，但是，在東南亞還是很多這種公
私不分的經營現象。此外，亞洲的價值
觀同時也包含聽令行事、服從等，
這些價值觀有很多都不是對
創新很有利的。

　　雖然我們身處亞洲，但
是，我們大家如何一起努力，至少
我自己是承諾的，完成這個三十年、五十
年的計劃：從台灣或者從渴望園區、科學園區
開始，培育一種無形的、軟性的、創新的文化。就
像 e，e 這個字母不只是代表電子，它又是網路，又
是數位，又是未來；這裡我所謂的軟性（Soft），是
廣義的意思，它可能是無實體的東西，像是價值、
創新、品質等等；這是整個亞洲非常需要，而且要
不斷地努力的一個目標。

孫子兵法
勢篇

孫子曰：

凡治眾如治寡，分數是也。鬥眾如鬥寡，形名是也。三軍之眾，可使畢受敵而無敗，奇正是也。兵之所加，如以碬投卵，實虛是也。

凡戰者，以正合，以奇勝。故善出奇者，無窮如天地，無竭如河海。終而復始，日月是也；死而復生，四時是也。聲不過五，五聲之變，不可勝聽也；色不過五，五色之變，不可勝觀也；味不過五，五味之變，不可勝嘗也；戰勢不過奇正，奇正之變，不可勝窮也。奇正還相生，如環之無端，孰能窮之？

水之疾，至於漂石者，勢也；鷙鳥之擊，至於毀折者，節也。故善戰者，其勢險，其節短：勢如[弓廣]弩，節如發機。紛紛紜紜，鬥亂而不可亂；渾渾沌沌，形圓而不可敗。

亂生於治，怯生於勇，弱生於強。治亂，數也；勇怯，勢也；強弱，形也。善動敵者：形之，敵必從之；予之，敵必取之。以正動之，以奇待之。

故善戰者，求之於勢，弗責於民，故能擇民而任勢。任勢者，其戰民也，如轉木石。

木石之性：安則靜，危則動；方則止，圓則行。故善戰者戰民也，如轉圓石於千仞之山，勢也。

＊本書孫子兵法採用朔雪寒校勘版本

凡治衆如治寡，分數是也。

孫子強調把一個大數細分爲一些單位，只要管好各單位的領導者就好。

企業的經營者，先把企業文化的環境做好。然後由上而下，一層一層地帶。企業文化的層面太廣，是一個基礎架構，因此，帶的時候只能把一些經驗和使命傳遞下去。

另一方面，現在不像過去，一個人可以精通十八般武藝。現在分工分得太細了，下面的人專長的，上面的人不見得會。所以，好的領導者，就是能訓練出更多的領導者。

知識經濟的時代裡，領導者的工作就是要找對人去做對的事情。因爲要做的事情，可做的事情太多，只有透過很多人才能做很多事。大的事情，上層的領導者去掌握，一層一層瑣碎的事情，只有靠一層一層的領導者才最清楚。

我們的聯網組織和授權，都是在設法培養大大小小的領導者；所以，一個領導者如何使組織架構裡大家的眼界更廣一些，也是關鍵。

奇、正

管理人數眾多的部隊，要像管理人數少的部隊一樣，這是屬於編組的問題。

指揮大部隊作戰，如同指揮小部隊作戰一樣，這是屬於號令的問題。

大軍人數眾多，要使其一旦受攻擊而不失敗，這是奇、正互相運用的問題。

要能像以石擊卵一樣，所向無敵，這是虛實運用的問題。

鬥衆如鬥寡，形名是也。

　　形是指旌旗，名是指戰鼓。只要有旌旗和戰鼓的指揮，就可以以寡敵衆。在企業的指揮体系裡，品牌就是旗，企業真的是靠品牌在前進；產品則是戰鼓，企業的一波波動作，是隨一波波產品的推出而展開的。

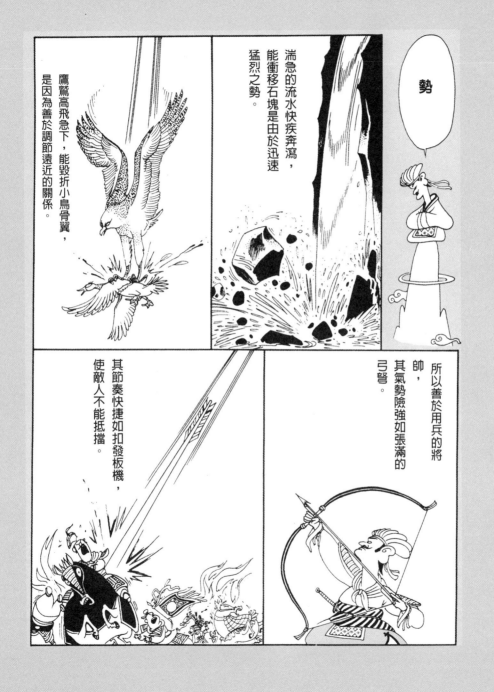

勢

湍急的流水快疾奔瀉，
能衝移石塊是由於迅速
猛烈之勢。

鷹鷲高飛急下，能毀折小鳥骨翼，
是因為善於調節遠近的關係。

其節奏快捷如扣發板機，
使敵人不能抵擋。

所以善於用兵的將
帥，其氣勢險強如張滿的
弓弩。

凡戰者，以正合，以奇勝。故善出奇者，無窮如天地，無竭如河海。

正兵就是規矩的戰法，奇兵就是出其不意的戰法。孫子認爲兵法的運用就在於活用奇正，讓對方永遠捉摸不到我方的策略。

就企業來說，『正』就是組織，按步就班，把基本的後勤供應、品質做好。要大勝，則要出奇制勝，『奇』就是突出的產品和行銷企劃。出奇有兩個重點：一是如何讓消費者有驚艷的感覺，一是如何讓對手措手不及。

出奇也要有計劃地出奇。因此，我都希望行銷計劃在公司內部能夠多一些時間討論、蘊釀，這樣思慮才會週密。

造勢

善用兵作戰的將帥，只會在戰爭態勢上尋求勝利，不會苛責部屬。

因而他能選擇適當人材，造成戰爭有利的形勢。

善任勢的將帥，他與敵作戰，好像轉動圓木與石頭一樣，圓木石頭的特性是放自平坦的地方就靜止；

放在陡斜的地方就滾動。

水之疾，至於漂石者，勢也；鷙鳥之擊，至於毀折者，節也。故善戰者，其勢險，其節短。

孫子認為"勢"和"節奏"是戰爭中最重要的。

對一個企業來說，品牌是勢。台灣企業今天沒有品牌，因此在國際上就沒有勢。

產品是節奏。一波波的產品推出，就彰現一個企業在市場上行進的節奏。

所以高明的將帥造就之勢，如同把圓木石頭從千丈高山滾下來一樣，

其勢凶猛不可擋，這就是軍事上所謂的「勢」。

故善戰者，求之於勢，弗責於民，故能釋民而任勢。任勢者，其戰民也，如轉木石。木石之性：安則靜，危則動；方則止，圓則行。故善戰者戰民也，如轉圓石於千仞之山，勢也。

孫子認爲將領不應該只求手下的士兵是否精銳，而應該注意自己是否有辦法釋放手下的能力而形成敵人驚懼的氣勢。像木頭、石頭都是原本靜止不動的東西，但是在千仞之山轉動起來，其勢不可當。將領就該有這種本領。

企業經營者也該如何掌握這種訣竅。

企業經營者應該善用品牌，眼界，和使命，力量才會集中起來。

我談聯網組織，思考出發點都是希望能有效地利用人才，如何有效地組織腦力。我不在乎個人的腦力

如何，在想什麼，做什麼。我關切的是如何讓各個腦力有效地組織起來，在不同時候面對不同的任務可以發揮力量。

聯網組織就是要分才會拚。要合才會贏。

問題與討論
Q&A

Q1 跨國企業存在許多文化的衝突，宏碁在管理跨國公司有哪些創新的地方？

A 我認為創新應該是在紀律的規範，以及知識的基礎之下進行。企業到國外去，必須遵守當地法令的規範；所以，你的創新一定要在那個法令的規範下進行。此外，如果你的知識不夠，你對當地的人、文化及法令架構了解不夠的話，就沒有基礎從事創新，可能連動都動不了，根本沒有辦法創新。為什麼我可以專注於很多的創新，大膽地在談創新？就是因為有灰色地帶，我只是知道我所有的做法都不會犯法。所以我特別強調，紀律及知識基礎是非常非常重要的。實際上，大家常認為創新和紀律是有衝突的，其實這是不對的。

相對地，我們在國外的創新是比較有限的，為什麼海外比較無效呢？一方面是我們對當地的了解不是很夠，當我們有一些想法要堅持的時候，我們又沒有足夠的理由，來說服當地的員工。反過來，他們受到當地的文化，以及當地的社會的影響，所以每一個人都很難講通；在過去這五年、十年來，這是我最頭痛的問題。

我講了半天，因為我的吸引力就是不夠，我的影響力就是不夠；此外，員工腦筋裏面想的，都是外界的，都是人家怎麼做，IBM、HP、Dell等等怎麼做，我們怎麼能這麼做？為什麼不這樣做？我們怎麼跟他競爭？我說，如果我們用和他一樣的方法，在美國和他們競爭，我們一定輸定了。這個他們聽了，可以同意了；不過，怎麼辦？我們沒有辦法一起來探討一個獨到的方法，因為，我們的客觀環境不一樣，我一定要用獨到的方法。當我在場說服的時候，好像

還可以點頭；但是，光點頭是沒有用的，因為，它是一個行為，是長期的執行，執行不出來，就沒有辦法了。回到工作崗位以後，因為抓不到問題的主軸，我又不在旁邊，所以執行時就會碰到瓶頸。

因此，宏碁現在的策略很簡單，我們在海外做的業務，部分屬於當地範疇的，儘量是當地化；對屬於宏碁所擁有能夠發揮強處的地方，主要是借重我們在全球佈署的整體資源。不要硬碰硬的，就一定什麼事情當地都要自己做。因為，我們已經了解到客觀的環境，要在短期內有效地管理好海外業務，它的挑戰是非常非常大的。

當然，有人會問說，長期五年以後、十年以後怎麼辦？看著辦好了。因為，我相信五年、十年以後，說不定我們的能力也會慢慢地改善，有一些人才能夠慢慢的一件一件的掌握；另外一個就是信心也比較夠；或者說，我們的規模夠大了以後，那就勉為其難，聽聽台灣的話。否則，台灣算老幾？歐美的公司為什麼要聽台灣的？你沒有比我更懂當地的市場，對不對？實質上，一個組織如果沒有一個凝聚員工的策略方向，並加以長期的執行，就沒有辦法累積力量。

創新要架構在知識基礎之下，宏碁在知識管理的策略是什麼？

大家或許在公司中常會聽到這些類似的話：「怎麼這個錯誤重覆發生了？」「有沒有一套方法，讓它不要再重覆了？」這些就是經驗傳承的問題，也是所謂知識管理要解決的問題。

宏碁從開發新產品的流程開始，我們也有一些架構；但是，總是因為有經驗的都升官了，再找一些年輕人來做同樣的事情，然後同樣的錯誤又都發生了。這種經驗的傳承，真的是一個問題。

當然，從宏碁的經驗來講，第一個是先調整心態，鼓勵不留一手的師傅；就是說，儘量塑造客觀的文化，讓大家願意把經驗分享出來。現在，當然用講的都講不完，所以只好從資訊技術的基礎架構來思考；不過，現在還沒有完全建立起來。我們在美國也投資一個開發知識管理的相關的公司，希望能夠幫上忙，因為這是企業要永續發展的一個非常重要的關鍵要素。

也許以前還好，知識就那麼一點點，靠口耳相傳就夠了；現在，知識是無所不在的，說不定除了內部文化以外，還是得透過一個架構來形成，讓知識可以有效地傳遞、應用。目前我們是透過各種不同的模式：內部當然還是以經驗分享的模式比較多；就是招集不同部門、不同企業的人，大家共同來開會，彼此分享一些經驗，透過這種模式來儘量發展。到目前為止，我還沒有發現有其他更有效的方法，或是更突破性的創新想法，至少我沒有看到很有成效的做法。

一般認為管理的創新是改善，技術的突破才是創新，創新與改善該如界定？

 創新其中一個目的當然是改善。從我的了解，日本所強調的改善，是永無止盡的，是精益求精的改善；不管車子、DRAM、精密機械等等，日本企業一直在改善，或者朝更有效、更精密、更省錢的路子在一直思考。

但是，如果從美國的角度來看，卻是大異其趣的。美國的改善是跳躍式的，往往會跳脫原來思考模式；這種不一樣的創新模式，效果可能更好、更有效、成本更低、時間更快，甚至於會淘汰原來產品的效果或價值，完全創新一個新局面。也就是一個取代性的東西，完完全全不是考慮改善，而是取代的；當然，這個取代是有道理的取代、是有誘因的，對消費者是有價值的取代。要達到這個結果呢，她是透過創新的方法，也就是跳躍式的改善，這是我的了解。

通常我都把技術和管理混在一起來思考，管理跟技術是兩個不同的領域，實際上也是企業經營的兩個主軸；不過，管理的經驗與訣竅是不是一種技術？要看你怎麼解釋囉。

Q4 創新是否有助於降低產業臨界規模的門檻？可否說明它們之間的因果關係？

創新和降低產業臨界規模的門檻，不見得有直接的關聯。但是，如果產業有足夠的基礎建設或者有產業聚落的話，對降低產業臨界規模的門檻是有幫助的。

比如說，台北跟新竹之間距離約九十公里，其中再包含三重埔，包含桃園；在這個區域內有做 PC 板，有做模具等等，提供了整個資訊產業相關上中下游的能力。如果有這樣一個基礎建設和產業聚落的話，同樣做一件事情，它的成本、它的時效，實在是相差太大了。

道理很簡單，你要做一個東西的時候，當你有求於你不知道的地方，如果是到國外去，光是尋找的時間與成本，可能讓你的創新無疾而終。因為從創新的效果來看，一般的創新是有了目標以後，要透過很多事情的組合，來把創新落實，這中間是相連繫，一個接一個的；如果它中斷了，這裡等一下、那裡等一下、等到火都熄掉了，根本沒有辦法創新。

第二個就是創新的成本。因為時間過去了，或者成本變高了，同樣的資源、同樣的精力，能夠創新的次數當然就減少了很多。雖然創新是無窮盡地、不斷地，你可以看到很多的創新，不過客觀環境也是扮演很重要的角色。矽谷、波士頓等地區，會比較有創新，就是這個原因嘛。

Q5 社會教育對創新有什麼負面的影響因素？個人與企業能做些什麼？

A 現在民主政治的環境，相對地產生比較多的另類思考；所以，慢慢地就形成比較有創新的客觀環境。雖然大家都覺得下一代比較不好教，不過，我很少持這樣的一個看法。我認為，他們絕對比我們具備了更多創新的條件，因為社會可以容許嘛。例如，我們可以看到國會打架，還可以看到在會議中拿布條等等現象，很多這種東西都是屬於社會教育的一環，所以，社會教育絕對是有很大影響的。

反過來我也覺得我們現在的社會教育，雖然是比較容許創新的；但是，我們的社會教育對紀律的培養，卻付之闕如。由於紀律是創新的基礎，所以，我們的社會教育還是沒有解決問題。至於我們能做什麼？如果大家認同我的觀點，就可以在自己的企業、在自己影響所及的地方，慢慢地講，讓大家都知道，紀律和創新兩個都要兼顧，單從一個方向是求不到的。

「沒有紀律就沒有創新」，如果我們是從這個角度，來衡量創新的價值；我相信慢慢的大家就不會偏差了，因為美國的創新，也是這樣走出來的。實際上，美國社會的紀律，絕對比我們更有規範；美國人認為，如果今天我不服你，我就辭職；如果我還在這個工作做事情，我絕對遵守紀律，這個就是所謂職業的道德、工作的倫理。我想，我們的差異可能也就在這裡了。

宏碁如何鼓勵員工創新？宏碁提供哪些誘因？分紅、升遷是不是合適的方法？

創新落實在工作的績效中，主要就是智慧財產權，或者比較簡單講的就是專利。早期宏碁算是在國內有專利法務部門最早的公司，人數也是最多的；法務部門第一個任務，就是讓工程師了解紀律的重要性。了解每一件事在法務上不能怎麼樣做、不能去侵害到別人等等，這個就是我所謂的紀律；當然，現在已經不僅是這樣了。

如果談 1983、1984年，看《再造宏碁》就知道，當時我們不太了解專利法，所以在「小教授 2 號」和 Apple II之間的智慧財產權糾紛中，我們吃了虧。所以，後來我們就在這方面下工夫，甚至於從美國引進一個律師團，到台灣來上課。當時，台灣都還沒有相關的法律；所以，我們就從紀律的觀念開始，學習智慧財產權到底是什麼東西。

為了有效創造更多的智慧財產權，我們當然是鼓勵創新。當時的獎勵措施是：看別人的專利，寫一個報告就給獎金；有創造一個構想，縱使還沒有寫出來，也給獎金；寫出來，申請出去，給獎金；核准回來，再給獎金，將來收到權利金的時候，再分紅。就這套方法，有效啊；所以，得了連續兩次的國家發明獎。

不過，最近就差很多了。因為大家忙啊，沒有創意；大家忙著趕PC，就累啦，不過整個集團還是有創新的。你可以看到，宏碁電腦現在創新的量，縮小了很多，因為 PC 好像已經是這樣了；但是，明碁創新的量，就爆炸了許多，因為他的產品線比較不受限制，所

以就到處去找新的東西。

當然，這和整個大環境也有關係。譬如說，你的任務是在 PC 的環境裏面，你就跟著 WinTel（微軟及英代爾）的規格走，創新的空間當然是有限的。而且，早期我們對於工業設計、新型式設計也鼓勵；一直到現在，很多人的創新、專利都是在這一部分，其實那個是沒有什麼保護的。後來，我們認為這個價值並沒有什麼意義，量那麼多有什麼用？所以，就有很多人開始抱怨了。不過，後來我們說要比較新型的發明，不要新式樣的。

整個客觀環境會產生變化，所以每一個公司如果要在這方面有成效，是要有適當的制度；有時候光是制度還不夠，應該還有一些教育的方法，因為其中是有很多的知識的。另外一個，可能是大家都有，也許是很偏差的方法：比如說，早期因為工程師忙不過來，所以只好去法務部門找專門的專利工程師，來幫工程師寫那些專利，這也是希望能夠鼓勵一些真正的創新。這些其實都是形式的創新，專利實際上是一個形式的東西。

實際上，還有很多不同的創新：透過一個流程的改善或者創新，有時候是比較麻煩啦；因為所牽涉的往往不是技術性的問題，都是人的問題。技術的問題，是對物在做改變；管理呢？你是對人，要改變流程、改變思考等等。這些創新的改變，就變成你如果不是一個主管，沒有權責的話，就只能建議；如果別人沒有消化，就沒有辦法。所以，技術創新是很多人自己弄的，很快就創新；管理創新，實際上當然還是要有一個主管，主管的職位越高，他可以創新的範

圍是越大，影響也是越大，終究一個組織的效率，是還是靠這些人嘛。

Q7 如何建立一套鼓勵員工創新的流程？企業要如何評估創新的價值與風險？我們要如何評估部門主管是否具備創新的特質？

A 要創新的人就是要有信心、有掌握、有知識，否則他不敢創新；因為創新的後面，尤其對人的話，後面一大堆東西要做。如果下面不服氣，把你的話當耳邊風，要推動就很難了；因為他們會認為你的東西不算創新，而且也不值錢。

所以，所有的創新，我們思考的是，經過一個程序，不管他中間失敗了多少次，但是結果感覺到說，他從管理推出這個制度。不是用講的，是做出來的；創新到最後是落實到做，做出一個產品，就像是你看 APPLE 的電腦很創新一樣。

創新的過程當然會產生風險，所以我才說，鼓勵創新的理由是，因為它有很大的市場價值，才可以去多做創新。我們為什麼創新比較有限，就是因為我們不能承擔風險。所以，創新本身絕對是有風險的，要先說明，創新是絕對有風險的。但是，如何說有一套方法，可以降低在創新過程裏面的風險？「逆向思考」可能是其中之一。用想的，想的不太花錢，只花一點點時間；先不要做，那你就可以

減少創新所帶來的風險。

有一套制度，經過適當的評估，先有紀律再評估，但是不謀殺機會。我常常在開會中不斷地在說，一個想法一提出來，很多人先說否定，那就謀殺了這些創新。主要理由很簡單：很多人往往會問說，「這個可行嗎？」「如果真這樣做的話，這個茲事體大」，「累呀！」他大概想到了是這個；但他沒有去想到，如果執行下去，成功的話，世界不只因此而改善，還會完全改觀，讓人的生活更美好。他還沒有想到那個層次，就退縮了。就像病人往往只考慮到開刀這麼累，卻沒有想到開刀以後，情況會完全改觀。這個過程就是沒有先談好創新的目的及價值，所以誘因不足；如果有了動機的話，就會比較容易先接受別人的想法。

實際上，我一直在溝通的是，我們先接受創新的想法；不管「逆向思考」、或者有一個創新的目標或結果。我們先用想的，再回來說，我這樣做這些困難能不能解決？不要說，有困難，那我不要動；而是說，我要解決這些困難，然後再評核有沒有策略來解決這個問題？是不是做這件事情所創造的價值，超過投入的成本？最後再加上未來應用的可能性。

因為，做一件事情，雖然花一塊錢，只能賺五毛錢；不過，如果五毛錢可以重複一百次，就是五十塊了；所以，實際上是花一塊錢，賺五十塊，要不要？但是，你不要說，我這一塊只賺五毛錢而已，還有很多其他未來的應用，都把它考慮進去，這樣你才會有創新的誘因，也才有承擔適當風險的意願。

我還要特別強調：當你開始有這種創新的組織、文化或行為的時候，實質上，失敗為成功之母，所以那些創新所構成的經驗，可能比創新的結果，常常更有價值。你要不要怕這個創新的過程？這些教訓？其實，那個價值

是可以複製的。創新的結果，往往只是用一次而已；但是，創新的過程是可以重複很多次的，可能下一次可以替你節省很多錢，或是賺了很多錢。所以，我想那個過程也是很重要的。

  宏碁如何將創新或新發現轉變為商品的規格，並確定它能在某個時間上市？

到目前來講，可以說絕大多數台灣的產品，在國際上大概都找得到類似的產品；所以，當你認為我有更新的想法、或者我有更低的成本、或有我認為市場還夠大的項目，我願意介入時，就開始要思考，進入之後到底要做什麼？

美國有一些像 3M 之類的大公司，在新產品上市的過程中，會先在組織裏面做一個提案，然後再交由決策委員會評估，看看要不要做？要不要給經費？這種制度我不曉得在台灣能夠實現了多少？應該比較少。台灣的企業大都是很自然地在內部形成一個共識，不論是出自於上面的主管指示，還是員工的提議，只要公司老闆支持，就自己想辦法來完成，大概整個思考模型就是這樣。

在宏碁整個新技術的開發，包括最重要的商品化的過程，以及產品設計的成熟度；所以，我們當然要求一定的流程：事先可能設一個專案預定目標，然後要提出何時達到目標？要經過什麼樣的流程？然後，隨著實際的狀況發生，再做必要的調整。比如說，品質沒有

達到預期的規格，或規格沒有辦法達到預期的目標，就把時間延遲；或者成本不能達到預期的目標等，那就調整。但是，其中最重要的就是，你具備那個能力，公司內部就可以不斷地重複運用這些流程。

當具備了這種開發的能力以後，就可隨時注意市場的變化，然後掌握產品開發的先機。以我們在台灣的立場，除了開發能力之外，我們也要同時掌握量產及銷售的能力。這時，就要考慮到你的銷售能力，到底是對 OEM 銷售？還是對自有品牌的銷售呢？開發新產品時，同時也要思考到，怎麼樣做出完整的流程？必要的時候，你還要找配合的廠商，目的就是在尋求一個可以完整執行的策略；當然也不是說每一個產品，都可以用同樣的一套做法。

Q9 逆向思考有助創新的產生，但人的思考模式是日積月累形成的，請問逆向思考的關鍵是什麼？

A 比如說，我不相信別人，這是因為授權後，如果遇人不淑會吃很大的虧，所以，這個是很自然的心態，當然是正向的思考。但是，當我想到我要做更多的事情，如果我不授權，不找很多人一起來做的話，我能夠做多少事情？所以我告訴我自己必須相信別人。因為，我要說服自己相信別人，所以我要想辦法；當我開始說，我不得不相信別人的時候，我要找出為什麼非相信別人不可的理由。因為，相信別人風險實在是很大，我要如何來承擔這個風險？因為我要相信別人，從逆向思考的角度，我就故意把它反過來看，我要替這個反過來的東西，找到一個所謂合理化或者下台階的理由：如果我不相信別人，什麼事都要自己做，我會把自己累死；我不想累死，所以我不得不相信別人。

類似這樣的很多很多的逆向思考邏輯，都是先在腦筋裡面鑽，因為在腦筋鑽還未實際行動，還不會花錢嘛；然後，不斷地再去思考。想，反正怎麼想都沒關係，但是當你要用相反方向做事情的時候，要先從風險低的開始做；等到做出一些經驗，有了一些心得及信心之後，你就可以慢慢地擴大。而且，這種逆向思考要有支持者。因為，如果你不能說服大家跟你一起死的時候，你當然不要自己跳下去；但是，當發現好幾個人都可以接受你，跟你同樣逆向想法的話，那就比較可以放心去做，因為有人為你壯膽，最少，死也可以死在一塊。

Q10 在追求創新的過程中，一定有時間壓力，因為市場競爭激烈，新產品要趕快上市，為什麼要化解時效壓力，就必須從組織下手？

調整組織，才能調整工作的焦點（Focus）。

這有兩個做法：一是調整工作或增加人力；二是讓新產品乾脆成立新的部門。

開發產品，是一件事，是一個團隊。

產品開發出來之後，能不能順利生產，又是一件事，涉及另一個團隊。

一個開發的團隊開發出新的產品，再接著去開發另一個新的產品，固然很重要。但是配合生產團隊打通生產的環節，也是很重要。

因此，如何讓這兩個團隊之間互相合作又監督，互相替換又接力，都能做已有的事情，也做些新的事情，就很重要。

所以，領導者要有個認知：不斷改變組織，是管理上很重要的事。

Q11 如何建立一個『讓知識有效地傳遞與應用』的架構？

A 這個架構有有形的部份，也有無形的部份。

無形的部份是如何鼓勵大家提出有用的意見，有用的知識，不留一手。

有形的部份是IT的平台，也就是建立一套資訊管理的系統，讓這些意見和知識得以有效地傳遞與應用。

Q12 許多人將技術與管理視為是企業的兩個軸，為什麼你會將兩者放在一起思考？

A 其實，技術和管理這兩個軸是互有關係的。

技術中有管理：在技術的開發過程中，必須有良好的管理來規範。

管理中有技術：管理制度，通常必須藉由技術來落實。

Q13

美國3M這種大公司在新產品上市前會先提計劃大綱，再成立評估委員會的做法，為什麼在台灣的可行性很低？

A 在美國，像3M這種公司，如果能開發出一個新的，第一的產品，可以在市場上發揮得淋漓盡致。所以他們就鼓勵大家提出各種開放計劃來評估，如果通過，視計劃的大小而發放獎勵。

但是在台灣，大部份是先有產品，才有公司。所以和美國不同。另外，在台灣，我們往往是看美國已經成功了的東西再去做，因此不免會覺得，這個東西好好做，市場就大得不得了，所以何必再多想，何必再無中生有？

Q14

為什麼特別強調『在宏碁，開發新技術最重要的是商品化的過程與產品設計的成熟度。』？

A 一個技術是否能量產，涉及商品化的過程。

生產的品質夠不夠穩定，涉及產品設計的成熟度。

Q15

『逆向思考需要支持者，如果不能說服大家一起「死」，千萬別一頭栽進去。』
但，領導者不也可能是高瞻遠矚嗎？

 A

要高瞻遠矚，也要有實踐的力量。

要有實踐的力量，就得說服別人跟你走，否則就沒有力量。

企業不是唱獨腳戲的事，是組織的事。所以不可能靠領導者一個人拉著走，太吃力了。

因此，高瞻遠矚之後，要努力地和別人溝通，說服大家一起行動，否則，一個人沒法往前進的。

附　錄 1
施振榮語錄

1.
一個單位或組織的主導者主持會議的模式與說話風格，深深地影響組織的創新。

2.
市場是創新之母。若沒有市場，要如何進行創新？市場的定義很廣，欣賞是一種市場，社會肯定也是市場。所以，是市場逼使人要進行創新。

3.
一旦成功就要在同一個市場不斷重複，因為跨過另外一個市場，其需求可能不一樣，效益差很多。

4.
台灣因為競爭小，企業一般開銷少，「氣」很長。氣長當然有好處，不過台灣有很多企業猶如植物人，耗了很多氣卻沒有意義。就整個社會資源考量，「植物人企業」不值得鼓勵。

5.
台灣市場小，不易承擔風險，所以台灣的創投不會投資很新的創意。

6.
產業的基礎架構、區域聚落與創新有絕對關係。

7.

在美國，如果不是創新的公司，創投就不會投資。台灣則不太一樣，投資是鼓勵一窩蜂，因為一窩蜂的風險低。

8.

資本市場跟高科技發展這兩件同時發生的事情，是台灣避免亞洲經濟危機的要素。

9.

有些人用紀律的藉口抹煞創新，領導者應該正視這個問題。

10.

創新不是異想天開，創新是突破，要有許多知識做基礎。創新是已經掌握相當的經驗，之後才能尋求突破，追求創新。

11.

就算支持老闆，還是要講真話。因為你所了解的跟老闆所了解的，會由於職位不同、所見所聞各異而有所不同，就要表達不同的想法。老闆能不能接受這些不同的想法？這就是領導。

12.

學習的組織，更重要的是領導者。這個「者」是多數，各部門的主管都是領導者。

13.

抽調精英進行內部創業，組織的營運馬上產生損失；不讓精英在內部創業，他就離開到外部創業，公司遲早還是要面對問題。

14.

我鼓勵每一個員工儘量替公司做決策，當然公司也要努力為員工繳學費。

15.

創新是先從創意開始。我認為反向思考是全方位思考之始。因為，和目前思考方向差距最大的，就是先轉一百八十度想。今天這樣做，明天用相反做法試試看，可以不必做，先用想的，反正想也不用花錢。

16.

如果能被別人說服，這代表你又吸收新的東西。在經營企業時，被別人說服是好事，說服別人是賣學問，賣學問不值錢，學學問比較值錢。

17.

真民主是企業非常重要的客觀環境，「號稱」民主太容易了。領導者要先解放自己，讓大家相信他可以解放、可以另類思考、可以否決自己，這樣才有可能容許並鼓勵別人做同樣的事情。

18.

亞洲經濟危機的來源之一，正是所謂的亞洲價值。家族觀念是亞洲價值的始作

俑者。

19.
大陸未來的龐大市場，很有機會讓台灣成為全球創新價值的領導者。這是我們的機會，我們應該有強烈、絕對的企圖心。即使市場變大，也不代表我們所創新的東西就是賣給落後地區使用。

20.
學校是最不重要的教育環境....組織與客觀社會環境的教育更形重要。

21.
組織內好不容易擁有足夠的人才，業務擴大後人手又會不夠，問題、壓力就跟著來。

22.
企業在國外，首先要遵守法令的紀律，對文化也要有足夠的知識。

23.
日本強調的是永無止境、精益求精式的改善，不管是車子、DRAM、精密機械業，或是希望更省錢、更精美、更有效，都是在同樣思考邏輯下不斷進行改善。美國就大異其趣，它的改善是跳躍式的，跳脫原有思考模式，產生不一樣的創新方法。

24.

創造新型發明，不只需要適當的制度，還要有教育的方法。

25.

管理創新需要有一個主管，職位愈高所能創新的範圍就愈大，組織
的效力終究要靠這些有權責的人。

26.

如果這個創新可行，世界不只因此改善，還會因而改觀。

27.

好像病人只想到開刀很危險或很累，卻沒想到開刀後可能情況會完
全改觀。

附 錄 2
孫子名句

1.

兵者，詭道也。

故能而示之不能，

用而示之不用，

近而示之遠，遠而示之近，

利而誘之

亂而取之

實而備之

強而避之

怒而撓之

卑而驕之

佚而勞之

親而離之

2.

攻其無備，出其不意。

夫未戰而廟算勝者，得算多也；

未戰而廟算不勝者，得算少也；

多算勝，少算不勝，而況於無算乎？

3.
兵貴勝，不貴久。
不盡知用兵之害者，
不能盡知用兵之利也。

4.
兵貴勝，不貴久；故知兵之將，民之司命，國家安危之主也。

戰也貴勝，久則鈍兵挫銳，攻城則力屬久暴師則國用不足也。

5.

百戰百勝，非善之善者也；
不戰而屈人之兵，善之善者也。

6.

戰略完美的境界，是在追求一個決定性的戰果，而不需要經過任何慘烈的戰
鬥。

領導者的眼界 **6**

影響創新的9種因素

一外在因素5種，內在因素4種

施振榮／著・蔡志忠／繪

責任編輯：韓秀玫　　封面及版面設計：張士勇

法律顧問：全理律師事務所董安丹律師

出版者：大塊文化出版股份有限公司

台北市105南京東路四段25號11樓

讀者服務專線：080-006689

TEL：(02) 87123898　　FAX：(02) 87123897

郵撥帳號：18955675　　戶名：大塊文化出版股份有限公司

e-mail:locus@locus.com.tw

www.locuspublishing.com

行政院新聞局局版北市業字第706號

版權所有　翻印必究

總經銷：北城圖書有限公司

地址：台北縣三重市大智路139號

TEL：(02) 29818089 (代表號)　　FAX：(02) 29883028　9813049

初版一刷：2000年10月

定價：新台幣120元

ISBN957-0316-35-7　　　　Printed in Taiwan

國家圖書館出版品預行編目資料

影響創新的9種因素

一外在因素5種，內在因素4種

／施振榮著；蔡志忠繪 .—初版.—— 臺北市：

大塊文化，2000〔民 89〕

面；　公分 .　—— (領導者的眼界；6)

ISBN　957-0316-35-7 (平裝)

1 0 5 台北市南京東路四段25號11樓

廣 告 回 信
台灣北區郵政管理局登記證
北台字第10227號

大塊文化出版股份有限公司　收

地址：＿＿＿市／縣＿＿＿鄉／鎮／市／區＿＿＿路／街＿＿＿段＿＿＿巷

弄＿＿＿號＿＿＿樓

姓名：

編號：領導者的眼界06　　書名：影響創新的9種因素

讀者回函卡

謝謝您購買這本書，為了加強對您的服務，請您詳細填寫本卡各欄，寄回大塊出版 (免附回郵) 即可不定期收到本公司最新的出版資訊，並享受我們提供的各種優待。

姓名：   **身分證字號：**

住址： _____

聯絡電話： (O)_____ (H)_____

出生日期： _____年_____月_____日   **E-Mail：** _____

學歷： 1.□高中及高中以下 2.□專科與大學 3.□研究所以上

職業： 1.□學生 2.□資訊業 3.□工 4.□商 5.□服務業 6.□軍警公教
7.□自由業及專業 8.□其他_____

從何處得知本書： 1.□逛書店 2.□報紙廣告 3.□雜誌廣告 4.□新聞報導
5.□親友介紹 6.□公車廣告 7.□廣播節目8.□書訊 9.□廣告信函
10.□其他_____

您購買過我們那些系列的書：
1.□Touch系列 2.□Mark系列 3.□Smile系列 4.□catch系列 5.□天才班系列
5.□領導者的眼界系列

閱讀嗜好：
1.□財經 2.□企管 3.□心理 4.□勵志 5.□社會人文 6.□自然科學
7.□傳記 8.□音樂藝術 9.□文學 10.□保健 11.□漫畫 12.□其他_____

對我們的建議： _____

_____

LOCUS

LOCUS

LOCUS

LOCUS